NOUVEAU MÉMOIRE

SUR L'UTILITÉ

DU CANAL DES HOUILLÈRES DE LA SARRE

NOUVEAU MÉMOIRE

SUR L'UTILITÉ

DU CANAL DES HOUILLÈRES DE LA SARRE.

Sur les instances réitérées des manufacturiers et des populations des départements de l'Est, offrant d'affecter un prêt de douze millions à la construction du canal des houillères de la Sarre et de l'embranchement de Brisach à Colmar, le gouvernement, dans sa sollicitude éclairée et incessante pour les intérêts industriels du pays, a pré-senté au Corps Législatif, à la fin de sa dernière session, le projet de loi de ce canal depuis si longtemps demandé; son exécution, d'une utilité incontestable, aura pour effet immédiat de procurer le transport du combustible minéral dans les départements de l'Est à des prix de moitié inférieurs à ceux des chemins de fer. Malheureusement, l'époque avancée de la session n'a pas permis la discussion et l'adoption de ce projet.

A la veille de la reprise des travaux du Corps Législatif, il ne paraît pas sans importance de présenter, à propos de cette question, quelques observations sur la situation et le transport des houilles.

Déjà, en traitant de ce sujet dans son rapport à l'Empereur, en 1854, Son Exc. le Ministre des travaux publics s'exprimait ainsi :

« Pour la houille, les mines sont en partie situées dans des contrées dépourvues de « voies de communication économiques, ou à de grandes distances des centres princi-« paux de consommation, d'où il résulte que les produits ne peuvent être livrés aux « consommateurs qu'à des prix de beaucoup supérieurs au prix de revient sur le car-« reau des mines; c'est là, pour la houille principalement, ce qui constitue pour la « grande part l'infériorité des mines françaises, vis-à-vis des mines de l'Angleterre et « de la Belgique. »

La conclusion la plus naturelle comme la plus simple à tirer de ces paroles, c'est qu'il faut perfectionner les voies de communication et les rendre plus économiques encore sur les points où elles existent, et, dans les localités où elles sont possibles, les créer sous le bon vouloir du gouvernement, qui en favorise l'établissement par la réduction des droits de navigation.

Utilité des canaux pour les marchandises encombrantes.

Le moins onéreux des transports est sans contredit le transport par la voie d'eau, c'est donc celui que la nature même des choses assigne à un haut degré de convenance aux marchandises encombrantes et de peu de valeur, telles que houilles, cokes, minerais, bois, sels, plâtres, engrais, pierres et autres matières, dont l'utilité croit en raison inverse des prix de revient. Sans craindre de se tromper, on peut affirmer ici que, pour le transport de ces matériaux, les chemins de fer sont impuissants à suppléer aux rivières et canaux. Ces derniers sont d'ailleurs aujourd'hui le lien des diverses parties de notre industrie métallurgique, transportant le combustible aux usines placées dans les gisements du minerai et *vice versâ*.

Dans notre mémoire de Novembre 1857 nous disions : « Si nous n'avons pas à « craindre, même dans l'avenir le plus éloigné, de manquer de houille, il n'en est « pas moins certain qu'en raison de notre éloignement des gîtes houillers, nous la « paierons à un prix exagéré si nous n'obtenons pas le canal des houillères de la Sarre. » Depuis cette époque, nous avons eu une réduction sur le prix des mines de fr. 1.25 par tonne ; mais, par contre, une augmentation de 40 cent. dans les frais de transport de la Compagnie de l'Est.

La volonté de l'Empereur est cependant que les prix de transport des matières premières nécessaires à l'industrie diminuent au lieu d'augmenter.

La volonté de l'Empereur est que les canaux concourent avec les chemins de fer.

Lors de la réception des ingénieurs du canal de Nantes à Brest, Sa Majesté a prononcé publiquement ces paroles remarquables : « Je veux que les canaux fonc- « tionnent en même temps que les chemins de fer et concourent avec eux à la « prospérité du pays. »

En ce qui concerne plus particulièrement les départements de l'Est et la construction du canal de la Sarre, les intentions de l'Empereur ne sont pas moins évidentes. Nous n'en voulons pour gage que la présentation du projet, faite au Corps Législatif en Mai dernier.

Une chose digne de remarque : ce projet de loi a été arrêté et présenté quand les circonstances paraissaient le plus défavorables ; alors que la guerre d'Italie semblait devoir être l'unique objet des préoccupations de Sa Majesté ; mais alors, comme aujourd'hui, Elle donnait la preuve que son génie supérieur sait embrasser à la fois tous les grands intérêts publics.

Oui, c'est lorsque des gouvernements étrangers, simples spectateurs de la guerre d'Italie, réduisaient dans des vues d'économie le chiffre des dépenses affectées aux travaux publics, que ce projet de loi mis à l'étude était délibéré et adopté par le conseil d'Etat. De plus, le rapport qui en était fait au Corps législatif se terminait par ce remarquable passage, de nature à démontrer à la fois et la force du gouvernement et les ressources multipliées, inépuisables de la France.

« Nous serons compris par vous quand nous dirons qu'aujourd'hui, comme en « 1854, pendant la lutte engagée en Italie comme pendant la guerre entreprise en « Crimée, la France doit prouver à tous qu'elle peut suffire à une double tâche et « mener de front les œuvres fécondes de la paix et les nobles travaux de la guerre. »

Les Conseils généraux et les chambres de commerce des départements de l'Est ont été unanimes, en 1854, 1855 et 1856, à solliciter, de la manière la plus pressante, la construction du canal des houillères de la Sarre. Ce n'est qu'en 1857 que le Conseil général de la Meurthe et la chambre de commerce de Nancy se sont mis en contradiction ouverte avec leurs réclamations antérieures, en abandonnant la cause du canal des houillères, sans motif fondé, pour demander la construction du chemin de fer de Cocheren à Sarrebourg.

L'on comprend jusqu'à un certain point que ce projet ait pu trouver, grâce à l'influence de la Compagnie des chemins de fer de l'Est, des partisans dans le département de la Meurthe, dont cette ligne traverse le territoire, au préjudice de l'Alsace; mais, notons-le en passant, ces sympathies sont en contradiction flagrante avec les intérêts bien entendus de ce département, qui retirerait du canal des houillères des avantages infiniment supérieurs à ceux que lui offrirait le chemin de fer de Cocheren à Sarrebourg.

De quelle importance sont donc ces réclamations isolées d'un département jaloux d'attirer sur son territoire un chemin de fer de plus? Iront-elles jusqu'à infirmer les vœux des autres départements de l'Est, persévérant dans leurs opinions précédemment émises? Détruiront-elles le fait capital et inattaquable de l'extrême bon marché du transport des houilles par la voie d'eau?

Les sollicitations du département de la Meurthe en faveur du chemin de fer de Cocheren à Sarrebourg, ont ému étrangement les populations des autres départements de l'Est; et une discussion des plus vives s'est publiquement engagée entre les partisans du canal et ceux du chemin de fer. Il en devait être ainsi, parce que ces deux voies de transport, suivant la même direction, sont exclusives l'une de l'autre. De nombreuses pétitions furent adressées au gouvernement, et les industriels de l'Alsace et des autres départements de l'Est, s'unissant pour défendre des intérêts communs, sollicitèrent la prompte exécution du canal des houillères de la Sarre. Et remarquez

Rapport au Corps Législatif sur le projet de loi.

Conseils généraux et chambres de commerce favorables au canal.

que ce n'est pas, comme on l'a prétendu à tort, parce que la Compagnie des chemins de fer de l'Est n'était pas prête à exécuter le chemin de fer de Cocheren à Sarrebourg : il n'a jamais cessé d'être l'objet de sa convoitise ; mais, bien au contraire, parce que la création de ce chemin de fer, en empêchant la construction du canal, aurait privé les industries et les populations de l'Est d'un immense bienfait : *la houille à bon marché.*

Dans notre opinion, l'autorité compétente, le gouvernement, par la présentation du projet de loi du 21 Mai, nous paraît avoir jugé contradictoirement et apprécié à leur juste valeur toutes les réclamations et considérations soulevées en faveur de la ligne de Cocheren à Sarrebourg, au détriment du canal de la Sarre. Ce dernier alimentera les deux canaux de la Marne au Rhin et du Rhône au Rhin, et son achèvement, avec les améliorations que comporte la navigation, est l'unique moyen d'arriver à un abaissement du prix des transports. L'Etat, qui est en possession de ces canaux, ne les laissera pas péricliter. En présence de ces faits nous aurions donc mauvaise grâce à revenir sur une question épuisée et débattue dans les Conseils du gouvernement. Nous serions d'autant moins fondés à le faire, qu'elle a motivé une décision donnant satisfaction entière aux départements qui réclament la construction du canal des houillères de la Sarre et impliquant le maintien et le perfectionnement de ces belles voies navigables qui intéressent si vivement toute la France.

En effet, le projet de loi du 21 Mai dit :

« Le canal des houillères doit être envisagé, moins comme une œuvre nouvelle que « comme le complément du canal de la Marne au Rhin, et le gouvernement, en vous « proposant de pourvoir à son exécution, croit répondre au vœu que vous avez « maintes fois exprimé en faveur de l'achèvement de notre réseau de navigation « intérieure. »

Nos populations n'ignorent pas que cette question de la navigation, si pleine d'actualité et d'intérêt, a été l'objet des méditations du Souverain ; elles savent aussi que la solution qu'elle a reçue de son gouvernement commande la reconnaissance et le respect dûs à une décision d'une si haute utilité publique.

Tout esprit sérieux se gardera bien d'établir un parallèle entre les avantages offerts par la voie ferrée de Cocheren à Sarrebourg et le canal des houillères, et à plus forte raison de conclure en faveur du premier. C'est pourtant dans cette impossibilité que se débattent les partisans du chemin de fer, cherchant par tous les moyens et sur tous les tons à obscurcir et à entraver la discussion du projet de loi au sein du Corps Législatif.

Son Exc. M. le Ministre de l'agriculture, du commerce et des travaux publics, pour donner plus de poids au projet du canal, a cru devoir encore une fois demander, en Août dernier, l'avis des Conseils généraux des départements intéressés dans cette grave question. Tous, à l'exception de celui de la Meurthe, ont confirmé leur vœu en faveur du canal.

Peu avant la clôture de la session, il a été distribué à MM. les députés une notice anonyme contre le canal des houillères de la Sarre, et, en dernier lieu, aux Conseils généraux, un écrit de M. Jacquot, directeur des houillères de Falk. Ces deux factums renferment des assertions inexactes et des calculs erronés.

Réfutation des brochures contre le canal.

Ces brochures disent entre autres : « Que les industries intéressées durent essayer « de contraindre plusieurs fois la Compagnie de l'Est d'exécuter la ligne de Cocheren « à Sarrebourg, en la menaçant d'une souscription collective pour la construction du « canal.

« Que l'industrie exaspérée répondit à ses hésitations par une souscription de dix « millions pour un canal qui aura peu d'eau et qui est aussi moins avantageux que le « chemin de fer pour les bas prix.

« Que la soumission de la Compagnie de l'Est amènera probablement le plus grand « nombre des industriels qui réclament le canal, à s'unir aujourd'hui à ceux qui ont « demandé la préférence pour un chemin de fer.

« Que le canal de la Sarre sera nuisible aux houillères de la Moselle et uniquement « profitable à la Prusse, qui augmentera le prix de la houille dans la proportion de « l'abaissement des frais de transport. »

Les industries les plus intéressées dans cette question sont, sans contredit, celles qui, étant le plus éloignées des mines, paient la houille le plus cher et qui en consomment le plus : eh bien, elles ont unanimement et toujours voté contre le chemin de fer, parce qu'il ne saurait leur donner le combustible à aussi bas prix que le canal, dont la traction peut descendre au-dessous de un centime par tonne et par kilomètre ; de plus, ce sont ces mêmes industries qui seules ont souscrit les douze millions pour le canal, dans le désir de recevoir par eau tout aussi bien les produits de la Moselle que ceux de la Prusse.

Les industriels souscripteurs et promoteurs du canal ont maintenu leurs souscriptions nonobstant la réduction d'intérêt de 5 à 4 % et la soumission de la Compagnie de l'Est. N'est-ce pas la preuve la plus évidente que, pour eux, l'avantage est incontestablement du côté du canal, dont la traction et les droits resteront de moitié au-dessous de ceux du chemin de fer? Et ils sont dans le vrai ; car en 1858 la traction de Mons à Paris, dont la navigation est très-pénible, n'est revenue qu'à *un centime trois dixièmes* par tonne et par kilomètre.

Soutiendra-t-on cette supposition gratuite, que le canal de la Sarre causera quelque préjudice aux houillères de la Moselle? Mais, d'après le projet de loi du 21 **Mai**, elles doivent y être rattachées.

Dira-t-on qu'une hausse sur les houilles de Prusse leur serait dommageable? C'est le contraire qui est vrai ; car si la Prusse, par impossible, élevait ses prix, tout aussitôt les demandes reflueraient vers les houillères de la Moselle, et ce que nos adversaires signalent comme une cause de ruine, leur serait un gage de prospérité.

Le juge le plus compétent en cette matière, le Conseil général du département de la Moselle, a maintenu et confirmé en faveur du canal, le vœu qu'il émet depuis bien des années.

C'est parce que l'industrie houillère n'est pas comparable aux industries manufacturières, qui seraient impossibles si on les privait de l'élément étranger, qu'il est indispensable d'exécuter le canal de la Sarre, afin de rejoindre les mines et d'apporter les houilles à bas prix dans les centres manufacturiers des départements de l'Est, où elles sont le plus cher.

Il faut donc admettre que les réclamations de ces Compagnies contre le canal de la Sarre émanent d'autres préoccupations, car elles comprennent assurément que la construction de cette voie d'eau leur est avantageuse et que la hausse des houilles prussiennes, si elle se faisait, aurait pour conséquence une augmentation proportionnelle du prix de leurs produits.

Quant à l'objection tirée de l'insuffisance présumée de l'eau, il n'est qu'une réponse à y faire, mais elle est péremptoire : c'est l'avis favorable émis le 28 Juin 1858 par le Conseil général des ponts et chaussées.

Légères erreurs dans le rapport sur le projet de loi.

Nous ne devons pas non plus passer sous silence quelques légères erreurs qui se trouvent dans le rapport sur le projet de loi du canal.

Page 7, M. le rapporteur dit : « Que si le chemin de fer de Cocheren à Sarrebourg « était exécuté, les prix de transport subiraient des rabais considérables, puisque ce « chemin abrégerait la distance de 140 kilomètres, et le prix de transport de Forbach « à Mulhouse ne serait plus que de fr. 11.10 au tarif de cinq centimes, et de fr. 9.68 « au tarif de quatre centimes. »

Afin de mieux apprécier, faisons les deux comptes comparatifs par chemin de fer et par eau.

Prix de revient par chemin de fer et par eau.

Prenons Mulhouse pour base, au taux le plus bas du tarif déposé par la Compagnie de l'Est dans sa soumission, soit *quatre centimes* ; nous disons Mulhouse, puisque, pour les autres localités, cette Compagnie élève le prix des transports des houilles jusqu'à *six centimes*.

Par chemin de fer de Saarbrück à Forbach . . . . fr. 1.13
De Forbach à Mulhouse. 9.68
Droits de gare 0.40
Coût de Saarbrück à Mulhouse par chemin de fer de Cocheren à Sarrebourg . . . . fr. 11.21
Par canal de Saarbrück à Mulhouse, à deux centimes maximum, y compris un demi centime pour les droits de navigation 5.21
Différence en faveur de la navigation. . . . . fr. 6.—

par tonne, soit 115 °/₀ comparativement au transport par eau.

Cette différence sera bien plus sensible pour les localités que la Compagnie traite à six centimes par tonne et par kilomètre. A ce compte, sur 500,000 tonnes par le canal, l'industrie et les populations bénéficieraient annuellement de trois millions.

En se servant du chemin de fer jusqu'à Sarrebourg, et de là des canaux jusqu'à Mulhouse, voici les comptes comparatifs. Mais remarquons que, dans ce cas, la houille qui sera déchargée du wagon à Sarrebourg pour être embarquée et débarquée à Mulhouse, se brisera, s'altérera et produira du déchet. Remarquons, en outre, que les distances peu éloignées, telles que Nancy, Strasbourg, etc., ne jouiront pas du canal. Effectivement, les frais d'embarquement et de débarquement, les jours de planches, c'est-à-dire perdus par ce travail pour mariniers, conducteurs, chevaux et bateaux, ne peuvent être supportés par un court trajet.

Transport, par chemin de fer, de Saarbrück à Forbach. . . . . fr. 1.13
De Forbach à Sarrebourg, 78 kilomètres, que nous ne comptons qu'à quatre centimes, quoique le cheminde fer établisse le prix de cette distance à six centimes 3.12
Droits de gare. 0.40
Déchargement et embarquement 1.35
Coût jusqu'à Sarrebourg . . . . fr. 6.00

Soit 80 c. de plus que le coût direct par eau des houilles jusqu'à Mulhouse.

Report . . . . fr. 6.00

Et pour 163 kilomètres par canaux à raison de 2 centimes 3.26

Total jusqu'à Mulhouse. . . . . fr. 9.26

Par canal direct. 5.21

Différence. . . . . fr. 4.05

Soit 78 % comparativement au transport par eau en faveur de la navigation directe, plus les déchets, brisure, et l'impossibilité, pour Nancy, Strasbourg, etc., de pouvoir utiliser la voie d'eau.

A Mulhouse, par chemin de fer, le transport des houilles revient aujourd'hui par tonne à fr. 11.77 plus cher qu'elles ne reviendront par le canal des houillères, et cependant nous ne payons que quatre centimes par tonne et par kilomètre.

M. le rapporteur annonce, page 8, que l'industrie la plus intéressée au bas prix des houilles a demandé soit le canal, soit le chemin de fer. Le vrai est qu'elle n'a réclamé que le canal et a repoussé le chemin de fer. C'est à ce point que le syndicat des souscripteurs, dans sa séance du 1er Juin, à Mulhouse, alors qu'il eut connaissance de la soumission de la Compagnie de l'Est, a déclaré :

1o Qu'aucune ligne ferrée, quelle qu'en soit la direction, ne peut remplacer le canal projeté.

2o Que, dût même la Compagnie abaisser son prix de traction à deux centimes par tonne et par kilomètre, le syndicat demeure convaincu que la batellerie transportera la houille et les marchandises encombrantes à meilleur marché.

3o Que la concurrence des voies navigables est indispensable pour soustraire le pays au monopole des transports par les Compagnies de chemins de fer et pour amener ces dernières à consentir des taxes modérées.

Ne les voit-on pas, en effet, augmenter leurs prix de transport par des additions de frais continuelles? N'est-ce pas ainsi que la Compagnie de l'Est, pendant que les houillères prussiennes baissaient successivement deux fois leurs prix, a élevé les siens de quarante centimes à titre de droit de gare? N'est-ce pas ainsi qu'en dernier lieu elle a demandé au gouvernement d'être autorisée à prélever cinquante centimes de frais, afin d'acquitter, disait-elle, les droits d'entrée des houilles, opération pour laquelle cependant l'industrie et le commerce ne paient rien?

Chemin de fer empruntant la voie du canal. N'a-t-on pas vu la Compagnie de Paris à Lyon amener des houilles du bassin de la Loire, à destination de Mulhouse, et pour ne pas utiliser la ligne de Belfort à Mulhouse, appartenant à la Compagnie de l'Est, les décharger à l'Isle-sur-le-Doubs, les embarquer à cette gare sur le canal du Rhône-au-Rhin, et les amener à Mulhouse par la voie d'eau, par ses soins et à ses frais, et devenir par là tributaire du canal entre l'Isle et Mulhouse, pour une distance de 80 kilomètres.

On voit donc que les canaux sont aussi utiles aux chemins de fer et que leur prétendue infériorité, au point de vue des transports économiques, est démentie par les faits.

Par la nouvelle position qui va être faite à notre industrie, pour lutter avec la concurrence étrangère, il lui faut absolument la houille à bon marché.

Aucun projet de transport ne peut amener à Mulhouse les houilles provenant des mines de quelque importance au prix maximum de fr. 5 par tonne, si ce n'est le canal de la Sarre, malgré notre éloignement des houillères de 263 kilomètres; le gouvernement de l'Empereur le sait parfaitement et il fera exécuter ce projet en faveur du Manchester de la France, des industries et des populations ouvrières de l'Est, malgré les réclamations intéressées des houillères et des chemins de fer, qui ont besoin d'une utile concurrence pour modérer leurs prix.

En peu d'années les bois qui s'élèvent à proximité des hauts fourneaux seront consommés. Il est donc indispensable que les houillères soient largement exploitées, si l'on veut obtenir le combustible le plus nécessaire.

Tout a été dit sur le rôle important et essentiel de la houille : elle est la force, le mouvement, la lumière; en dehors d'elle, il n'est ni industries manufacturières ou métallurgiques, ni commerce, ni puissance.

La houille est le pain de l'industrie, et le bas prix de ce combustible est l'un des éléments les plus essentiels de la prospérité des fabriques. Le combustible à bon marché donne tout à bon marché sans diminuer le salaire de l'ouvrier et sans réduire le bénéfice du fabricant.

Abaisser le prix de transport, c'est donc abaisser le prix de tout ce qui se produit et se consomme; c'est par conséquent faire naître de nouvelles industries, de nouveaux éléments de richesse.

Les départements de la guerre et des finances sont essentiellement intéressés à l'exécution du canal des houillères; le premier, au point de vue de la défense du territoire, puisque le Génie s'est déclaré unanimement pour le canal; et le second par rapport aux forêts appartenant à l'État, dont le produit annuel serait plus que doublé, ce qui constituerait une augmentation de capital de six millions.

Le Conseil général des ponts et chaussées s'est prononcé, comme le dit fort bien

M. le rapporteur, en faveur d'un système de conciliation comprenant tout à la fois, et le canal de la Sarre et le chemin de fer de Cocheren à Haguenau. Cette ligne est la plus directe de la Manche à Vienne, et elle entre dans les vues de S. M. l'Empereur.

Cette ligne traverserait le département de la Moselle, de Cocheren à Sarreguemines et à Bitsche; elle donnerait toute satisfaction aux houillères et sondages de la Moselle pour le transport des houilles au port du canal de Sarreguemines; de là, le combustible serait dirigé sur Dieuze et sur les canaux de la Marne et du Rhône au Rhin, dont le canal de la Sarre devient le complément obligé.

Les houilles françaises arrivées ainsi à Sarreguemines, se trouveront dans de meilleures conditions d'économie que les houilles prussiennes, et pourront rivaliser avec avantage avec ces derniers produits pour toutes les quantités qui devront prendre la direction des canaux.

L'avantage est plus sensible encore en faveur des houilles françaises, pour les rayons de consommation de la Moselle et des Ardennes, et celle des chemins de fer de l'Est. Ils ne sauraient, en effet, s'approvisionner nulle part à des prix plus favorables que dans la Moselle, car les houillères de la Prusse se trouveront dans des conditions très-inférieures, au point de vue du transport, à celles des houillères françaises. Quant aux houilles belges, elles auront à parcourir 50 kilomètres de plus que celles de la Moselle.

L'avantage sera de fr. 2.50 à fr. 4 par tonne en faveur de ces dernières.

L'industrie métallurgique des départements de l'Est, qui depuis quelques années souffre beaucoup, trouvera une énorme économie au moyen des transports par le canal des houillères, ainsi que nous allons le voir par les comptes ci-après.

Avantage du canal pour l'industrie métallurgique de la Meurthe, de la Meuse et de la Haute-Marne.

Le chemin de fer transporte actuellement à Nancy la houille et le coke de Forbach à raison de six centimes par tonne et par kilomètre, et le minerai de fer pour Forbach à quatre centimes.

Pour la houille et le coke de Sarrebrück à Forbach . . . . fr. 1.13

De Forbach à Nancy, 124 kilomètres à six centimes 7.44

Droits de gare 0.40

Transport par chemin de fer . . . . fr. 8.97

Par le canal de Sarrebrück à Nancy, 140 kilomètres à deux centimes. . 2.80

Différence en faveur du canal. . . . . fr. 6 17

par tonne de houille et de coke.

Voyons ce que cela fait sur les établissements susceptibles de produire 5000 tonnes de fer annuellement.

Ces fr. 6.17 représentent par tonne de fonte fabriquée à raison de 1600 kilogrammes de coke pour 1000 kilogrammes de fonte, un excédant de dépenses de fr. 9.87 et pour une tonne de fer fabriquée avec cette même fonte, à raison de 1300 kilogrammes de fonte pour 1000 kilogrammes de fer 1300 × 9.87 = . . fr. 12.83

A laquelle somme de fr. 12.83 il faut ajouter pour la transformation de ces 1300 kilogrammes de fonte en fer :

1º L'excédant des dépenses en houille, calculé sur une consommation de 1200 kilogrammes pour 1000 kilogrammes de fer 1200 × 6ᵐ17 = ... 7.40

$$\text{fr. } 20.23$$

2º L'intérêt de ces fr. 20.23 à 5 % 1.00

Par tonne de fer total . . . . fr. 21.23

dont les établissements sont obligés d'augmenter leur prix de revient et qu'ils économiseront par le canal de la Sarre, soit pour les établissements qui produisent 5000 tonnes de fer par an une somme de 106,150 fr.

La dépense sera plus forte pour les usines de la Meuse et de Haute-Marne, puisqu'elles se trouvent plus éloignées des houillères.

Supposons que le chemin de fer offre le transport de la houille et du coke à quatre centimes par tonne et par kilomètre pour toutes les distances de son parcours, voici ce que perdraient les établissements métallurgiques :

De Saarbrück à Forbach . . . . fr. 1.13

De Forbach à Nancy, 124 kilomètres à 4 centimes. 4.96

Droits de gare. 0.40

Transport par chemin de fer . . . . fr. 6.49

Par le canal de Saarbrück à Nancy, 140 kilomètres à 2 centimes. . . . 2.80

Différence en faveur du canal. . . . . fr. 3.69

par tonne de houille et de coke.

Soit un excédant de dépense par tonne de fonte fabriquée, suivant le compte ci-dessus, de fr. 5.90 et pour une tonne de fer fabriquée avec cette même fonte de   fr. 7.67 et pour la transformation l'excédant de dépense en houille de 1200 kilog.

par 1000 kilogrammes de fer, ci 4.42

$$\text{fr. } 12.09$$

l'intérêt de ces fr. 12.09 à 5 % 0.60

Par tonne de fer total . . . . fr. 12.69

à économiser par le canal, soit pour les établissements qui produisent 5000 tonnes de fer annuellement une somme de 63, 450 fr.

Ce compte étant fait en vue des usines de la Meurthe, l'avantage sera d'autant plus grand pour celles de la Meuse et de la Haute-Marne qui ont de 80 à 130 kilomètres à parcourir en plus.

Celles de la Meuse réaliseront une économie de fr. 4.47 par tonne de houille et de coke, soit pour 5000 tonnes de fer annuellement de 76,900 fr. ; dans la Haute-Marne, l'économie sera de fr. 5.37 par tonne de houille et de coke, soit pour 5000 tonnes de fer annuellement de 92,400 fr.

Avec le canal, exportation avantageuse du minerai.

Examinons maintenant le compte pour le minerai de fer, dont nous annonçons plus bas la richesse des terrains.

De Nancy à Forbach, 124 kilomètres à 4 centimes . . . . fr. 4.96

Droits de gare 0.40

Vérification en douane. 0.05

De Forbach à Saarbrück 1.13

Prix du minerai rendu sur wagon 4.50

Prix de revient de la tonne de minerai à Saarbrück. . . . . fr. 11.04

Par le canal :

De Nancy à Saarbrück, 140 kilomètres à deux centimes. . . . . . . fr. 2.80

Prix du minerai rendu sur bateau 4.50

7.30

Soit une différence de . . . . fr. 3.74

par tonne en faveur du canal.

La tonne du minerai du Luxembourg se vendant aujourd'hui à Saarbrück à 9 fr., le débouché de la Prusse et de la Bavière nous est fermé, par le canal des houillères nous soutiendrons avantageusement la concurrence.

Il est évident qu'aussitôt que les houillères françaises de la Moselle seront exploitées sur une large échelle, les houillères belges et celles de la Prusse évacueront nos marchés du côté des Ardennes et du chemin de fer de l'Est, et ne reparaitront qu'autant que celles de la Moselle seraient insuffisantes.

Avec la houille transportée par les canaux, les forges et toutes les industries prendront inévitablement un nouvel essor, une extension considérable. Dès lors, il est permis de le déclarer ici : les houilles de la Moselle, malheureusement pour notre pays, bien loin de suffire à la consommation de l'Alsace et de la Haute-Marne, parviendront à peine à alimenter leur propre rayon.

La Chambre de Commerce de Metz a dit, dans son mémoire, que les houillères de la Moselle ne sont pas et ne seront pas de longtemps en situation de pourvoir d'une manière sensible aux besoins toujours croissants de l'industrie de ce seul département, à plus forte raison de celui des Ardennes et des autres départements de l'Est.

Nous pensons que l'exploitation des mines des deux pays est nécessaire pour alimenter la consommation voisine et satisfaire aux besoins des industries de la Haute-Marne et de l'Alsace ; ce sont ces industries qui, en effet, paient la houille le plus cher, mais grâce à la nouvelle voie de communication, grâce à la réduction qu'elle amènera dans le prix des transports, elles déploieront une activité nouvelle et se développeront dans des proportions en rapport avec leur importance et pour le bien-être de tout le pays.

Si comme nous l'espérons, l'Etat demande à nos houillères les charbons dont il a besoin, il est évident que la rareté du combustible en fera élever le prix et que si le canal de la Sarre n'est pas achevé, les industries des départements de l'Est se trouveraient dans la position la plus fâcheuse pour lutter avec la concurrence étrangère.

Relativement aux craintes manifestées que la houille peut être considérée comme munition de guerre et déclarée contrebande et de bonne prise, nous avons vu avec plaisir que le comité des houillères françaises a déclaré qu'il n'y avait pas de danger réel à livrer nos consommations aux houillères de Mons et de Charleroi ; que ces houillères ne pouvaient guère nous faire défaut, et qu'en cas de guerre leurs transports ne pourraient être interrompus : eh bien, nous n'hésitons pas à déclarer que celles de Sarrebrück, lorsque le canal de la Sarre sera achevé, se trouveront dans des conditions identiques.

Si l'on ajoute que les houillères de Sarrebrück, pendant ces quinze dernières années, ont tenté l'impossible pour satisfaire aux demandes de houilles par des exploitations et préparations nouvelles ; que malgré ces efforts, elles ne sont jamais parvenues à remplir tous les ordres ; que l'année dernière encore, l'Alsace n'a reçu que le quart de ses demandes, on conviendra qu'on ne se hasarde pas trop en disant que les houillères de la Moselle sont mal fondées à s'opposer à l'exécution du canal projeté, par le motif qu'il améliorera la position des mines prussiennes.

Pour nous, et notre conviction est inébranlable, nous croyons que le canal réalisera d'immenses avantages en faveur des populations et des industries de l'Est, et qu'il sera alors inoffensif pour les mines de la Moselle, dussent, ces mines, ce qui n'est guère présumable, offrir les mêmes richesses que celles de la Prusse,

L'exportation annuelle de nos bois de construction et de ceux propres aux boisages des mines et des traverses pour la Prusse, est estimée 87,920 mètres cubes : les mines de Sarrebruck seules ont dépensé en 1858 deux millions pour bois.

Exportation d'autres produits par retour des bateaux vides.

Les forêts que le canal traversera profiteront en partie de ce magnifique débouché, et il ne pourra que s'accroître par le fait du transport économique de la voie d'eau, puisque l'on utilisera pour ces chargements les bateaux vides à leur retour d'Alsace. Les céréales, les vins, les minerais, les pierres, les sels, les colzas, les peaux et autres produits, jouiront aussi du retour de ces bateaux, et nul doute, qu'au bout de quelque temps, le tribut que nous payons à la Prusse pour les houilles, et que nos adversaires font sonner si haut aujourd'hui, ne soit dépassé par nos exportations et ce, à la grande satisfaction des deux pays.

Le minerai seul, dont les concessions accordées et demandées dans le département de la Meurthe, s'élèvent à 9355 hectares, ce qui fait un effectif de 4600 hectares, soit 526 millions de tonnes, suffirait au retour des bateaux pour la Prusse et la Bavière, et réduirait de 1/3 le coût du frêt des houilles, pour les départements de la Meurthe, de la Haute-Marne, de la Marne et de la Meuse.

Nous nous résumons :

Conclusion.

Les services de la navigation intérieure sont encore aujourd'hui l'élément le plus essentiel de notre vie commerciale et industrielle; et si les canaux dont nous sommes dotés n'existaient pas, il faudrait en commencer l'œuvre; à plus forte raison doit-on ouvrir le canal de la Sarre, qui est le complément de celui de la Marne au Rhin, et qui est appelé à raviver celui du Rhône au Rhin.

La substitution au canal des houillères de la Sarre d'un chemin de fer entre Cocheren et Sarrebourg serait très-préjudiciable à tous les départements de l'Est, et désastreux pour ceux de la Haute-Marne et du Haut-Rhin en particulier.

Les houillères et sondages de la Moselle sont au moins désintéressés dans la question, car, en supposant que leur richesse et leur extraction dépassassent celles de Saarbrück, leurs produits viendraient s'embarquer au port de Sarreguemines au grand avantage des industries et des populations des départements de l'Est.

Enfin, la nécessité, l'urgence même de ce canal de la Sarre devient d'autant plus évidente aujourd'hui, que le programme récemment publié par S. M. l'Empereur va faire entrer l'industrie française dans une ère nouvelle d'activité et de progrès pour la mettre à même de lutter avantageusement avec l'industrie étrangère. L'amélioration des voies de transport et l'abaissement du prix des matières premières étant au nombre des conditions promises par le programme impérial, nous sommes autorisés à croire notre tâche à peu près terminée . La construction de cette nouvelle voie navigable rentre nécessairement dans les améliorations qu'attendent depuis si longtemps nos populations de l'Est, et nous avons foi pleine et entière dans les promesses de l'Empereur.

Aussi, en nous rappelant que notre premier mémoire eut l'insigne honneur d'être remis aux mains de Sa Majesté, serons-nous heureux que celui-ci fût appelé à la même faveur, pour lui porter l'hommage de notre profonde et respectueuse reconnaissance.

Au nom du Syndicat des souscripteurs pour le canal des houillères de la Sarre et de l'embranchement vers Colmar :

J.-ALB. SCHLUMBERGER, *Président*.

JOHN ROCHAT, *Secrétaire et Rapporteur*.

Mulhouse, Mars 1860.

Mulhouse. — Imprimerie de P. Baret.

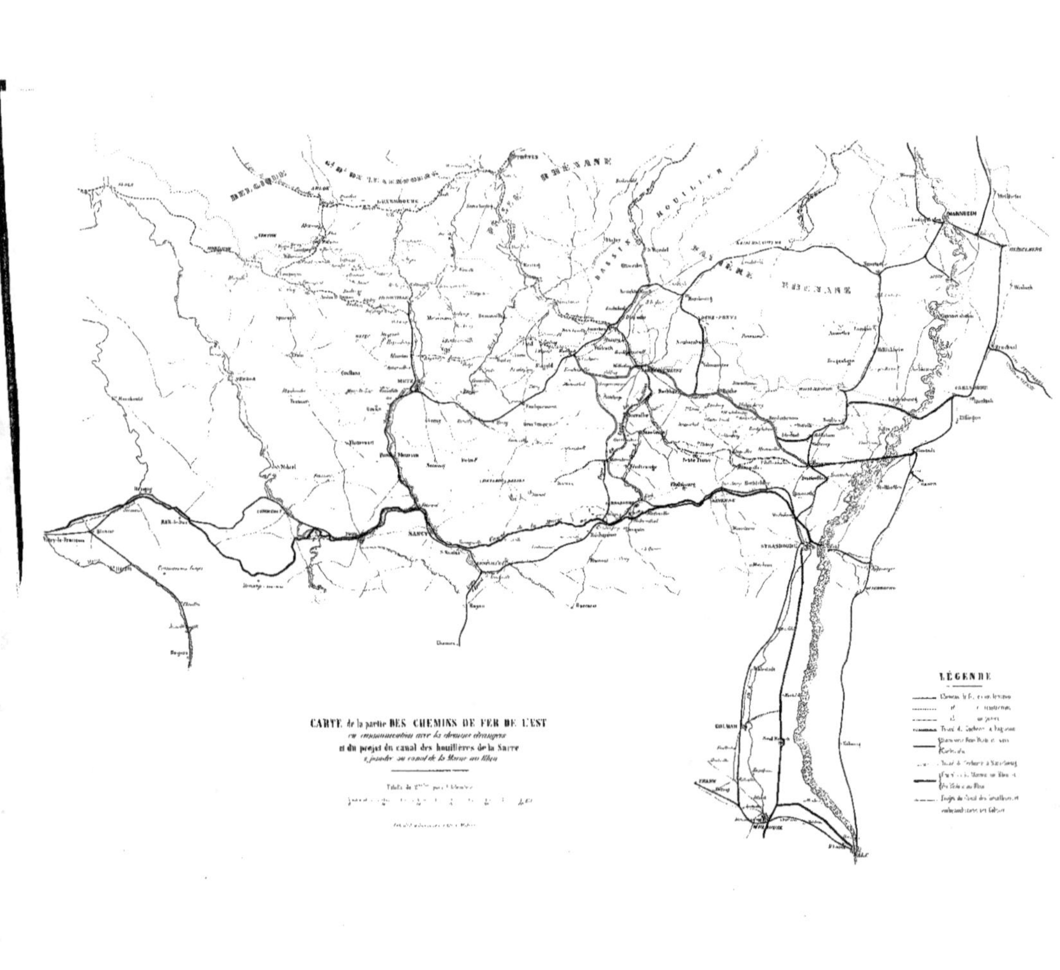

CARTE de la partie DES CHEMINS DE FER DE L'EST
en communications avec les chemins étrangers
et du projet du canal des houillères de la Sarre
à joindre au canal de la Marne au Rhin
LÉGENDE